HISTÓRIA GEOLÓGICA

editores
PROF. DR. ANDERSON COSTA DOS SANTOS
GILMAR PACHÁ SILVA
ilustrações de ISAURA DA SILVA

HISTÓRIA GEOLÓGICA

Autores: MsC. Giovanni de Oliveira Eneas/ Prof. Dr. Anderson Costa dos Santos (FGEL-UERJ)
Editores: Prof. Dr. Anderson Costa dos Santos/ Mestrando Gilmar Pachá Silva (FGEL-UERJ)
Revisores Científicos:
Prof. Dr. Rodson de Abreu Marques (UFOP)/ Prof. Dr. Anderson Costa dos Santos (FGEL-UERJ)
Projeto de Extensão nº 5872 - Incorporação de tecnologia no aprendizado da geociência (desde 2018)
Revisores Ortográficos: Profª. Drª. Poliana Arantes/ Roberto Fernandes (ILE-UERJ)
Designer Gráfica: Isaura da Silva
ISBN: 978-65-5842-424-6

Apoio:
CNPq Museus Edital 2022
FAPERJ JCNE Edital 2022
Produtividade CNPq Edital 2021
PROCIÊNCIA editais 2020 e 2023
PR3-DEPEXT
FGEL-DMPI-UERJ
Grupos de Pesquisa: TEKTOS - GeoBioTec - IDL
Universidades Parceiras: UFOP - UFMG - UFBA - UnB - UFG - UFRJ

Editora Ciência Moderna Ltda.
R. Alice Figueiredo, 46 – Riachuelo
Rio de Janeiro, RJ – Brasil CEP: 20.950-150
Tel: (21) 2201-6662/ Fax: (21) 2201-6896
E-MAIL: LCM@LCM.COM.BR
WWW.LCM.COM.BR

História Geológica CDD 551.7

01/25

Agradecimentos

Agradeço aos autores das cartilhas pelo empenho apresentado para sua consecução, aos revisores científicos e linguísticos, à Anna Caroline Costa dos Santos pela idealização da logo, à designer gráfica pela produção dos personagens e da diagramação. Agradeço ao prof. Hermínio Ismael de Araújo Júnior pela inspiração em criar as apostilas de divulgação científica. Não obstante, às entidades de fomento FAPERJ e CNPq pelo apoio financeiro no desenvolvimento dos trabalhos aqui apresentados. Por fim, dedico todos esses trabalhos à minha sobrinha Melina Costa de Carvalho, por ter me inspirado em transformar a linguagem científica em palavras simples para que a ciência seja universalmente compreendida.

Apresentação

Olá!

Você que está lendo esse trabalho, saiba que ele foi idealizado para que você conheça um pouco mais sobre o mundo das geociências! Conhecer e saber como o planeta em que vivemos evoluiu nos ajuda em muitas questões atuais como exploração de bens naturais econômicos, uso e recurso da água, dos oceanos, nos faz entender um pouco mais sobre climatologia, sobre os registros do passado e de que forma podemos pensar sobre o futuro.

Queremos te ensinar um pouquinho mais sobre geociências e transmitir o conhecimento para outras pessoas. Ela foi pensada para promover e instigar a sua curiosidade pela ciência e pelos cuidados com o Planeta Terra.

E aqui, nós vamos ser os seus guias nessa jornada! Vamos explorar juntos e aprender mais sobre as geociências de maneira fácil e divertida.

Então se prepare para embarcar em uma experiência rica em conhecimento com a gente!

Vamos lá?

SUMÁRIO

Glossário

Agrimensor: que ou quem está legalmente habilitado para medir, dividir e/ou demarcar terras ou propriedades rurais.

Angiospermas: são plantas que possuem sementes protegidas por frutos e também apresentam flores

Estrias glaciais: formadas pela movimentação das geleiras. O assoalho rochoso foi "riscado" pelos detritos rochosos contidos no fundo da geleira, formando as estrias. Durante o degelo, ficou o resultado deste avanço (estrias e depósitos de sedimentos).

Evaporitos: rocha sedimentar apresentando-se em camadas de minerais salinos, sendo os principais a gipsita e a halita, depositados diretamente de salmouras em áreas da bacia de sedimentação, notadamente litorâneas, que apresenta condições de forte evaporação.

Fóssil: artefato de vida preservado no registro geológico.

Geologia: ciência que estuda a origem, história, vida e estrutura da Terra.

Gimnospermas: plantas com sementes que não dão frutos.

Glaciação: fenômeno climatológico caracterizado pelo avanço dos gelos sobre regiões extensas num período de frio intenso quando a temperatura média da Terra baixa, provocando o aumento das geleiras (ou glaciares) nos polos e em zonas montanhosas, próximas às regiões de neve perpétua (que nunca derrete).

Gnaisse: rocha metamórfica, bandada, cuja composição mineralógica é semelhante à do granito; em sua composição entram minerais como mica, quartzo e feldspato.

Meteorito: fragmento de um meteoro que cai sobre a superfície da Terra

Radioatividade: ação espontânea que, causando a desintegração do núcleo de certos elementos, provoca a emissão de radiação eletromagnética; emissão imperceptível de energia.

Rocha: agregado de um ou mais minerais e/ou restos orgânicos, consolidado ou não, que forma a parte essencial da crosta terrestre.

Rocha sedimentar: rocha resultante da acumulação de materiais (sedimentos) oriundos da desagregação de rochas, da acumulação de restos de animais ou vegetais ou da precipitação de soluções salinas.

Zircão: silicato de zircônio ($ZrSiO_4$), mineral encontrado em rochas ígneas, metamórficas e sedimentares que pode conter elementos radioativos como tório e urânio. Quando isso ocorre, é usado para a datação absoluta das rochas.

INTRODUÇÃO

Muitas vezes nós fazemos algumas perguntas que possuem algo em comum. Olhem só:

Qual é a sua idade? Há quanto tempo que existe a energia elétrica? Qual o tempo de decomposição do plástico? Qual a idade da Terra? Quando os dinossauros foram extintos? Há quanto tempo o homem existe? Quando surgiu a vida?

Descobriu o que essas perguntas têm em comum? Todas estão relacionadas ao tempo. No dicionário, encontramos estas definições para "tempo":

1. duração relativa das coisas que cria no ser humano a ideia de presente, passado e futuro; período contínuo no qual os eventos se sucedem.
2. determinado período considerado em relação aos acontecimentos nele ocorridos; época.

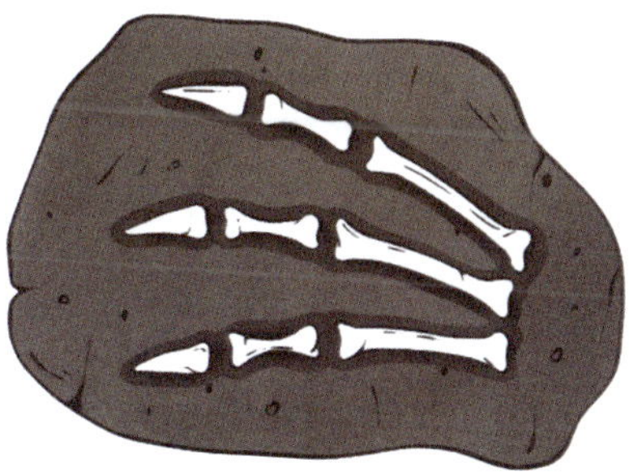

Na geologia, é muito importante também termos a noção de tempo. Muitos geólogos, os cientistas que estudam sobre o nosso planeta, e outros cientistas se preocuparam em descobrir a idade de vários eventos que aconteceram na Terra, e também a idade dela. Mas esse trabalho não foi fácil.

No século XVII, os cientistas começaram a ter noção sobre tempo ao começarem a estudar os fósseis. As pessoas achavam que a Terra teria a idade dos fósseis mais antigos, até que, em 1667, Nicolaus Steno, um cientista dinamarquês, viu que os fósseis eram os registros de uma vida antiga e reparou que uma camada de rocha sedimentar mais velha está em profundidade maior do que uma mais nova, o que é conhecido como princípio da superposição ou da sucessão estratigráfica.

Em 1793, William Smith, um agrimensor inglês, reparou que camadas diferentes possuíam conjuntos de fósseis diferentes, e cada camada poderia ser identificada com base no seu conjunto de fósseis. Além disso, reparou que poderia relacionar camadas de diferentes locais com base nos fósseis que elas possuem, definindo o princípio da sucessão faunística.

Através destes dois princípios, começou-se a ter a ideia da idade relativa, quando comparamos se um evento veio antes ou depois de outro. E, com isso, os geólogos começaram a reconhecer os mesmos fósseis em continentes diferentes, e, comparando esses locais, começaram a definir as idades relativas das rochas no mundo todo e, no fim do século XIX, montaram a escala do tempo geológico.

Essa escala separa a história do nosso planeta em diferentes intervalos baseados nos conjuntos de fósseis. Ao mudar, de forma drástica, esse conjunto, muda-se o intervalo. Com base nesses conjuntos, foram definidas três eras: Paleozoica (vida antiga), Mesozoica (vida intermediária) e Cenozoica (vida recente). Cada era é dividida em períodos, que são chamados com base no local onde o conjunto de fósseis foi descrito pela primeira vez. O Paleozoico possui seis períodos: Cambriano, Ordoviciano, Siluriano, Devoniano, Carbonífero (por causa dos depósitos de carvão da Europa e da América do Norte) e Permiano; o Mesozoico é dividido em três períodos: Triássico, Jurássico (por causa das Montanhas Jura, localizadas na França e na Suíça) e Cretáceo; e o Cenozoico é separado em três períodos: Paleógeno, Neógeno e Quaternário. Os períodos ainda podem ser divididos em épocas, como Paleoceno, Eoceno e Oligoceno, pertencentes ao Paleógeno, Mioceno e Plioceno, do Neógeno, e Pleistoceno e Holoceno, do Quaternário.

Mesmo tendo o conhecimento da idade relativa de cada evento, os geólogos não sabiam, de fato, qual era a idade de cada evento e, principalmente, qual era a idade da Terra. Além disso, em alguns locais, eles encontraram rochas abaixo daquelas que continham fósseis que eram do Cambriano e era necessário investigar qual era a idade daquelas rochas. Neste momento, eles chamaram tudo o que estava antes do Cambriano de

Pré-Cambriano e começaram a desenvolver experimentos para desvendar a idade destas rochas usando a radioatividade, através da instabilidade dos elementos químicos urânio e rádio. A partir de então, temos a ideia da idade absoluta, que é a quantidade de anos que se passou de um determinado evento até os dias de hoje. Os geólogos começaram, portanto, a perceber que a terra não possuía milhares, mas bilhões de anos!

No século XX, no ano de 1956, o geólogo americano Clair Patterson, ao estudar meteoritos e rochas do nosso planeta, obteve, por meio da instabilidade do urânio, a idade absoluta de 4 bilhões e 500 milhões de anos! Esta, além de ser a idade, também é a idade do nosso Sistema Solar!

Usando a radioatividade, os geocientistas criaram uma grande divisão da escala do tempo geológico, os éons. Para as três eras que vimos antes, foi criado o éon Fanerozoico (vida visível), marcado pela primeira aparição de fósseis de conchas, há 542 Ma (Milhões de anos) e dura até os dias de hoje. Para as três eras que compõem esse éon, foi determinado que o Paleozoico ocorreu entre 542 a 251 Ma, o Mesozoico entre 251 e 65 Ma e o Cenozoico de 65 Ma até o presente.

Mas, como vimos também, a Terra não tem 542 milhões de anos, e sim mais de 4 bilhões e 500 milhões de anos! Para estudar o que aconteceu desde que a Terra surgiu até o início do Fanerozoico, foram criados três éons: o Hadeano (do grego Hades, nome do deus grego do mundo subterrâneo, que significa "inferno"), o Arqueano (do grego archaios, que significa "antigo) e o Proterozoico (anterior a vida).

Assim, a idade absoluta veio aprimorar a idade relativa e a escala do tempo geológico (Figura 01).

Vamos ver o que aconteceu em cada éon e em cada era? Mas antes...

Figura 01 - Coluna Geológica.
Fonte: modificano de Fundação Paleontológica Phoenix

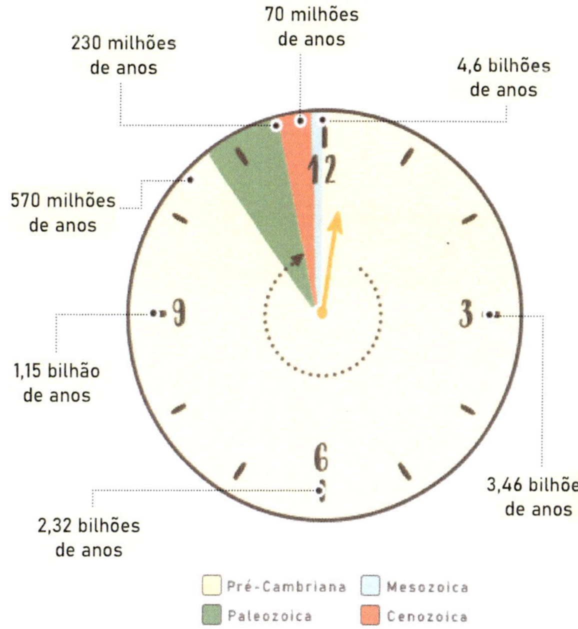

Figura 02 - Relógio com a história da Terra em 24h
Fonte: modificado de SlidePlayer

Você Sabia...

sobre o relógio geológico?

Como você imagina que seria um relógio geológico? Olhe só quanto tempo durou o Pré-Cambriano, o Paleozoico, o Mesozoico e o Cenozoico se contarmos a história da Terra em 24 horas (Figura 02)!

O Pré-Cambriano

Lembra do nosso relógio (Figura 2)? Se a história da Terra durasse 24 horas, o Pré-Cambriano duraria cerca de 21 horas!

Éon Hadeano (4600 - 4000 Ma)

O Hadeano começou quando a Terra se formou e terminou cerca de 4 bilhões de anos atrás (Figura 03). Neste momento, a Terra estava sendo formada e bombardeada por vários elementos que estavam se formando no Sistema Solar. Começava a se formar o núcleo do nosso planeta, que era uma grande "bola de fogo". Haviam muitos vulcões, que foram responsáveis pelo aprisionamento das primeiras formas de água em forma de vapor e a atmosfera era bastante diferente da que conhecemos hoje, composta principalmente por hidrogênio (H) e hélio (He).

Não existem rochas deste éon. A caracterização desta idade aconteceu através da datação absoluta de zircões encontrados em rochas do oeste da Austrália, que indicam também que, neste momento, já havia água na Terra! Acredita-se que esta água veio também através da colisão de muitos cometas com a superfície do nosso planeta, formando os primeiros oceanos da Terra. Mas, como o sol era fraco, acreditava-se que esta água permanecia congelada.

Figura 03 - O Hadeano.
Fonte: Fundação Paleontológica Phoenix

VOCÊ SABIA...

de onde veio a Lua?

Uma das teorias da formação do satélite natural de nosso planeta indica que a Lua é resultado da colisão de um grande meteorito com a Terra! O impacto foi tão forte que uma parte da Terra se soltou e formou a Lua! E isso ocorreu no Hadeano!

ÉON ARQUEANO (4600 - 2500 MA)

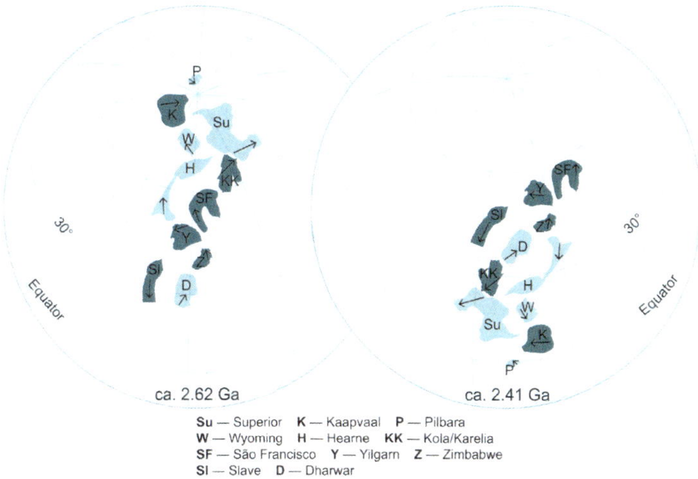

Figura 04 - Distribuição dos primeiros continentes no Arqueano.
Fonte: modificado de Fundação Paleontológica Phoenix

Os primeiros continentes se formaram durante o Arqueano (Figura 04), onde também temos os primeiros registros de rocha, o Gnaisse Acasta (Figura 05), encontrado no Canadá. Esta rocha possui 3.960 Ma! O Arqueano pode ser dividido em quatro Eras: Eoarqueano (4.000 Ma - 3.600

Ma), Paleoarqueano (3.600 Ma - 3.200 Ma), Mesoarqueano (3.200 Ma - 2.800 Ma) e Neoarqueano (2.800 Ma - 2.500 Ma). A Terra ainda estava muito quente, mas, neste Éon, também são registradas as primeiras glaciações da Terra.

Figura 05 - Gnaisse Acasta.
Fonte: EOS.IO

VOCÊ SABIA...

que no nosso relógio (Figura 02), os Éons Hadeano e Arqueano, juntos, durariam cerca de 11 horas!?

As primeiras formas de vida, os organismos procariontes, surgiram no Arqueano! Acredita-se que foram originados nas Black Smokers ou fumarolas negras (tradução livre) (Figura 06), no fundo dos oceanos! E as primeiras formas de vida macroscópica, os estromatólitos (Figura 07), também surgiram neste Éon!

Neste momento, houve a formação do campo magnético da Terra e, com isso, a atmosfera terrestre começa a acumular os gases que saíam dos vulcões, formando uma nova atmosfera, rica em gás carbônico (CO_2). Com isso, o vapor da água pode se condensar e também se acumular nos oceanos.

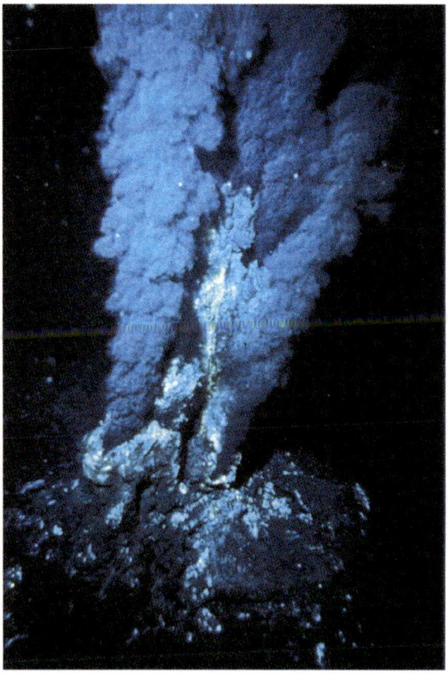

Figura 06 - Fumarola negra.
Fonte: Wikiwand

Figura 07 - Estromatólito.
Fonte: BBC Brasil

Éon Proterozoico (2500 – 542 Ma)

O Proterozoico pode ser dividido em três Eras: Paleoproterozoico (2 500 Ma - 1 600 Ma), Mesoproterozoico (1 600 Ma - 1 000 Ma) e Neoproterozoico (1 000 Ma - 542 Ma). Essas eras são dividas em períodos, sendo o último período do Neoproterozoico, o Ediacariano (635 Ma - 542 Ma) o mais importante, pois é nele que temos o primeiro registro fóssil de vida animal (que possuíam corpo mole), a chamada Fauna de Ediacara (Figura 08).

Figura 08 - Fauna de Ediacara.
Fonte: Maestro Virtuale

Durante o Proterozoico, houve a formação de placas tectônicas com comportamento igual ao das placas que temos hoje, que ocasionou a formação de, pelo menos, um

supercontinente. Neste Éon, também começou a ocorrência de oxigênio livre na atmosfera, evidenciado pela presença de rochas sedimentares vermelhas, chamadas de Red Beds. Este oxigênio permitiu o desenvolvimento da vida animal. Ainda houveram os primeiros eventos em que a Terra passou por glaciações - e foram momentos extensos! Inclusive, a primeira glaciação, chamada Glaciação Huroriana, aconteceu logo no início do Paleoproterozoico!

Você Sabia...

que no nosso relógio (Figura 02), o Proterozoico duraria cerca de 10 horas?

As formas de vida eucariontes e multicelulares, com reprodução sexuada, surgem no Proterozoico!

O petróleo mais antigo do mundo é do Paleoproterozoico e se encontra na região dos Grandes Lagos, na África!

Alguns fósseis da Fauna de Ediacara são encontrados no Brasil!

O Fanerozoico (542 Ma - Recente)

Como vimos anteriormente, o Éon Fanerozoico é dividido em três eras: Paleozoico, Mesozoico e Cenozoico. Mas o que será que aconteceu de importante em cada era? Vamos descobrir!

O Paleozoico (542 Ma - 252 Ma)

Informalmente, o Paleozoico é dividido em três grupos: o inferior, com os períodos Cambriano e Ordoviciano; médio, contendo o Siluriano e o Devoniano; e superior, com o Carbonífero e o Permiano. O início desta era é determinado pelos primeiros fósseis de animais, as conchas, e seu término é marcado pela maior extinção em massa da Terra.

Você Sabia...

que no nosso relógio (Figura 02), o Fanerozoico duraria cerca de 3 horas, sendo 1h45min para o Paleozoico, 1h para o Mesozoico e apenas 45min para o Cenozoico!?

O Cambriano (542 Ma - 485.4 Ma)

O nome do primeiro período do Paleozoico (Figura 09) foi proposto por Adam Sedgwick, em 1835, para representar um conjunto de camadas de rochas da Inglaterra. É derivado de Cambria, o clássico nome de Gales.

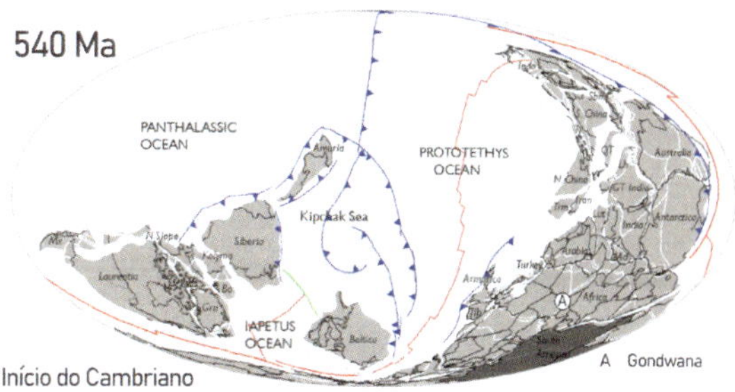

Figura 09 - Mapa paleogeográfico do Cambriano.
Tradução dos oceanos: Panthalassic Ocean - Oceano Pantalássico; Prototethys Ocean - Protocoeano Tétis; Iapetus Ocean - Oceano Iapetus
Fonte: modificado de Fundação Paleontológica Phoenix

A característica marcante deste período é a rápida diversificação de animais, chamada de Explosão Cambriana. Porém, esses animais viviam apenas no meio aquático, pois a terra era muito quente e árida, cerca de 7°C acima dos níveis que temos hoje.

Você Sabia...

que o nome dos primeiros animais que apareceram no Cambriano é Trilobita (Figura 10)?

Esses animais (artrópodes) são encontrados apenas no Paleozoico, e ocuparam vários habitats e paleolatitudes, sendo bastante comum no Paleozoico inferior. No final do Cambriano, eles foram praticamente extintos.

Figura 10 - Trilobita.
Fonte: Criacionismo.com.br

O Ordoviciano
(485.4 Ma - 443.8 Ma)

O nome deste período (Figura 11) foi proposto por Charles Lapworth, em 1879, em homenagem a uma tribo do centro do País de Gales, para um conjunto de camadas que sucede o Cambriano. É oriundo do latim *Ordovices*.

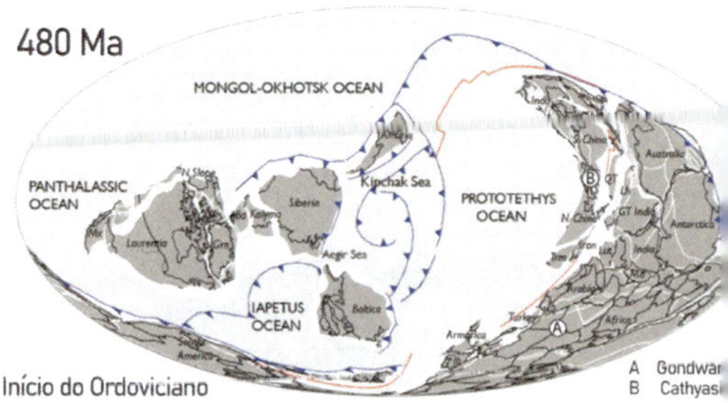

Figura 11 - Mapa paleogeográfico do Ordoviciano.
Tradução dos oceanos: Panthalassic Ocean - Oceano Pantalássico; Prototethys Ocean - Protocoeano Tétis; Iapetus Ocean - Oceano Iapetus; Mongol-Okhostsk Ocean - Oceano Mongol-Ocótsqui.
Fonte: modificado de Fundação Paleontológica Phoenix

Neste período, há uma rápida diversificação da vida, que atinge o nível mais alto. O início do Ordoviciano possuía um clima quente, como no Cambriano, que, com o passar do tempo, foi ficando mais frio, de forma que, no Ordoviciano Superior, pudéssemos ter glaciações e, com isso, a ocorrência de extinções em massa, pois a vida ainda era apenas no mar.

Você Sabia...

que no Ordoviciano surgem os esporos, as primeiras evidências de plantas terrestres?

A extinção em massa do Ordoviciano é a segunda maior em porcentagem de gêneros extintos!

O Siluriano (443.8 Ma - 419.2 Ma)

O nome deste período (Figura 12) foi proposto por R. I. Murchison em 1833 e tem origem numa tribo celta do sul do País de Gales, do latim Silures. É o período mais curto do Paleozoico!

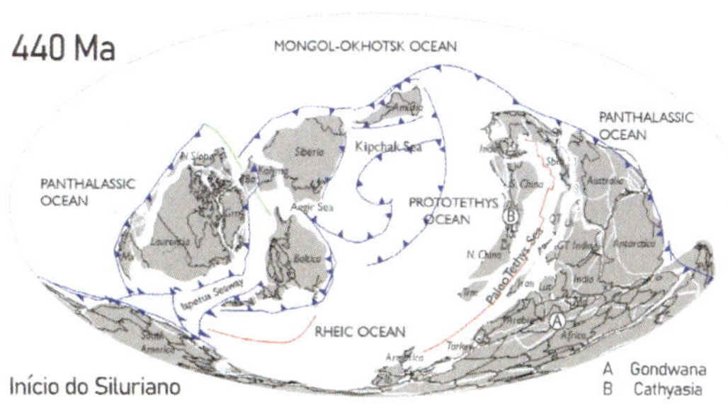

Figura 12 - Mapa paleogeográfico do Siluriano. Tradução dos oceanos: Panthalassic Ocean - Oceano Pantalássico; Prototethys Ocean - Protocoeano Tétis; Iapetus Ocean - Oceano Iapetus; Mongol-Okhostsk Ocean - Oceano Mongol-Ocótsqui; Rheic Ocean - Oceano Rheic.
Fonte: modificado de Fundação Paleontológica Phoenix

A vida se recupera de forma rápida após a extinção do Ordoviciano, nos primeiros 5 Ma. Em várias partes do mundo, acontece a diversificação dos recifes de corais nas áreas próximas ao Equador, o que indica que o clima começava a esquentar. Além disso, começa a colonização da terra pelas plantas terrestres. Porém, no polo sul, a glaciação iniciada do Ordoviciano Superior continuou durante o Siluriano Inferior. Os continentes começam a se aproximar para formar um supercontinente...

O Devoniano

(419.2 Ma - 358.9 Ma)

O nome deste período (Figura 13) foi proposto por Murchison e Sedgwick em 1839 e vem do inglês Devon, um condado do sudoeste da Inglaterra.

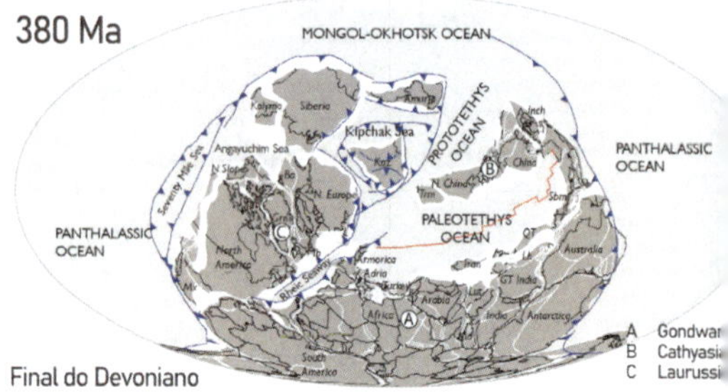

Figura 13 - Mapa paleogeográfico do Devoniano
Tradução dos oceanos: Panthalassic Ocean - Oceano Pantalássico; Prototethys Ocean - Protocoeano Tétis; Mongol-Okhostsk Ocean - Oceano Mongol-Ocótsqui; Paleotehtys Ocean - Paleoceano Tétis.
Fonte: modificado de Fundação Paleontológica Phoenix

Durante grande parte do Devoniano, o nível do mar foi alto, com glaciações nas áreas polares. A fauna marinha apresenta maior diversidade, com o surgimento de peixes que dominam os ambientes aquáticos. Esses animais desenvolveram mandíbulas e também apareceram em ambientes de água doce. No Devoniano superior, os animais vertebrados foram para a terra, habitando pântanos e locais sombreados por árvores e arbustos.

Na terra, surgem as primeiras árvores e florestas,

com a formação dos primeiros depósitos de carvão. As primeiras plantas, no início do Devoniano, eram pequenas, com cerca de 1 metro de altura, enquanto que, no final do período, surgem as primeiras florestas com árvores possuindo cerca de 6 metros de altura. Essas florestas absorveram o CO_2 da atmosfera, o que esfriou o clima.

No fim deste período, os continentes estão cada vez mais próximos, fazendo que formas de vida que eram características dos continentes situados ao sul migrem para os continentes do norte, indicando que o supercontinente está próximo de se formar...

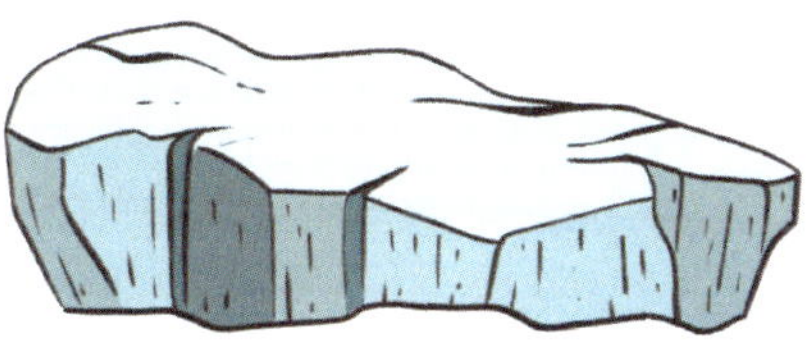

Você Sabia...

que neste período houve geleiras no Brasil que chegaram até a Amazônia?

O Frasniano (382.7 Ma - 372.2 Ma) é considerado a idade com a maior acumulação de óleo no Paleozoico no Brasil.

No final do Devoniano houveram dois eventos de extinção em massa que dizimou cerca de 75% de todas as espécies.

O Carbonífero (358.9 Ma - 298.9 Ma)

O nome deste período (Figura 14) possui duas possíveis origens: derivado do termo italiano Carbonarium (produtor de carvão vegetal) ou do latim carbo (carvão). Este período é dividido em dois, com base na ocorrência ou ausência de carvão: Mississipiano (sem carvão) e Pensilvaniano (com carvão), considerados, respectivamente, Carbonífero

Inferior e Carbonífero Superior.

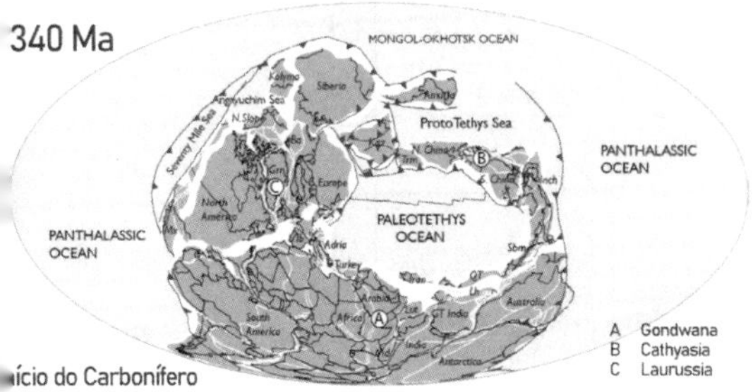

Figura 14 - Mapa paleogeográfico do Carbonífero
Tradução dos oceanos: Panthalassic Ocean - Oceano Pantalássico; Mongol-Okhostsk Ocean - Oceano Mongol-Ocótsqui; Paleotehtys Ocean - Paleoceano Tétis; Proto Tethys Sea - Proto-mar de Tétis.
Fonte: modificado de Fundação Paleontológica Phoenix

Durante o Carbonífero, houve uma extensa glaciação continental na parte sul do Gondwana, continente situado no hemisfério sul, que estava no polo sul. Essa glaciação foi tão forte que chegou até regiões próximas da linha do Equador! Mas o continente começou a se movimentar para o norte, fazendo com que a temperatura começasse a esquentar e, no Carbonífero Superior, o Gondwana acabou colidindo com o continente situado no hemisfério norte, a Laurásia, formando o supercontinente Pangea.

Na fauna do Carbonífero Inferior surgem os primeiros répteis e, em relação a flora, as florestas começam a se proliferar e surgem as primeiras gimnospermas. Já no Carbonífero Superior, tem-se melhores condições para o desenvolvimento dos animais terrestres nos ambientes, como os insetos, e há grandes florestas tropicais úmidas. As partes das plantas que foram soterradas em condições em que não havia oxigênio formaram o carvão que caracteriza o período.

A evolução dos tubarões acontece no Carbonífero!

Você Sabia...

que neste período, a região sul do nosso país estava coberta por gelo?

Este fato pode ser visualizado nas Estrias Glaciais de Witmarsum (Figura 15), localizada no município de Palmeira, no Paraná!

Figura 15 - Estrias glaciais de Witmarsum.
Fonte: Patrimônio Cultural - Bens Tombados

O Permiano

(298.9 Ma - 252.2 Ma)

O nome do último período do Paleozoico (Figura 16) vem da região da Pérmia; um antigo Reino Russo e foi proposto por Roderick Impey Murchison, em 1841.

Figura 16 - Mapa paleogeográfico do Permiano.
Tradução dos oceanos: Panthalassic Ocean - Oceano Pantalássico; Mongol-Okhostsk Ocean - Oceano Mongol-Ocótsqui; Paleotehtys Ocean - Paleoceano Tétis; Proto Tethys Sea - Proto-mar de Tétis.
Fonte: modificado de Fundação Paleontológica Phoenix

O supercontinente Pangea encontra-se totalmente formado e, rodeando esse supercontinente, havia um único oceano, o Pantalassa. As águas deste oceano circulavam mais livremente do que atualmente, resultando em temperaturas mais uniformes da água. O clima passa de úmido para árido, fazendo com que se reduza drasticamente os depósitos de carvão e surjam os evaporitos e vários desertos nas áreas onde estavam as florestas.

A fauna e a flora eram bastante diversificadas, mas, no final do Permiano, houve a maior extinção em massa de todo o éon Fanerozoico, chamado de limite P-T! Em dois momentos, em 260 Ma e 251 Ma, desapareceu mais de 90% de todas as espécies marinhas e 70% dos gêneros de vertebrados terrestres e as florestas da terra desapareceram! Existem algumas hipóteses para esta extinção, sendo uma delas encontrada nos Trapps Siberianos, que representam uma grande região ígnea localizada na Sibéria. Nesta região, datada entre 251 Ma e 250 Ma, houve uma intensa atividade vulcânica, que durou cerca de 1 Ma, liberando um volume original de lava estimado em 1 e 4 milhões de km³. Este magmatismo elevou a temperatura do planeta em 5°C, causando um enorme efeito estufa, além de liberar gases tóxicos e cinzas. Isto tudo pode ter sido responsável por quase acabar com a vida em nosso planeta.

VOCÊ SABIA...

que no Permiano havia um grande deserto na área onde hoje está a Floresta Amazônica!?

O Mesozoico (252 Ma – 66 Ma)

É considerada a "Idade dos répteis" e possui apenas três períodos. Nesta era, como só havia o supercontinente Pangea, as formas de vida que restaram após a extinção do Permiano começaram a migrar livremente, permitindo a sua re-diversificação. Este supercontinente também começou a se fragmentar aos poucos e a formar os continentes e oceanos que nós conhecemos hoje. Em toda a era, o clima era quente.

O Triássico

(252.2 Ma - 201.3 Ma)

Este período (Figura 17) foi denominado por Friedrick August von Alberti em 1834, na Alemanha, com base em três formações rochosas diferentes, e é limitado por duas extinções que coincidem com vastos derrames basálticos: os Trapps Siberianos na base e a Província Magmática do Atlântico Central no topo.

Figura 17 - Mapa paleogeográfico do Triássico. Tradução dos oceanos: Panthalassic Ocean - Oceano Pantalássico; Mongol-Okhostsk Seaway- Mar Mongol-Ocótsqui; Paleotehtys Sea- Paleomar Tétis; NeoTethys Ocean - Novo Oceano Tétis.
Fonte: modificado de Fundação Paleontológica Phoenix

A vida no Triássico recomeça: as coníferas, répteis e moluscos passam a dominar a Terra, mas grande parte dos ecossistemas não tinham se recuperado totalmente até o fim do período. Surgem os primeiros vertebrados voadores, sapos e tartarugas.

Este período pode ter sido o mais quente e seco de toda a história da Terra, ainda como reflexo do grande efeito estufa que começou ao fim do Permiano.

O supercontinente Pangea estava praticamente centrado na linha do equador e, no fim do Triássico, aconteceu a quebra do Pangea, formando dois continentes: a Laurásia, ao norte, e o Gondwana, ao sul, na região do México, formando o Oceânico Atlântico Central e os primeiros depósitos de sal da era. Além disso, por causa dessa fragmentação, houveram derrames magmáticos entre 201 Ma e 196 Ma que causaram uma extinção em massa no fim do período, responsável pelo desaparecimento de pelo menos a metade de todas as espécies. Esses derrames caracterizam a Província Magmática do Atlântico Central (CAMP), que se estendia desde onde hoje está localizada a França até a Bolívia.

VOCÊ SABIA...

que os dinossauros começam a dominar a Terra durante o Triássico Superior?

No Brasil, existiam vários mega desertos!

O Jurássico (201.3 Ma - 145 Ma)

O nome deste período (Figura 18) foi definido por A.V. Humboldt em 1795 e deriva das montanhas de Jura, no Alpes Ocidentais, na França, junto da fronteira com a Suíça.

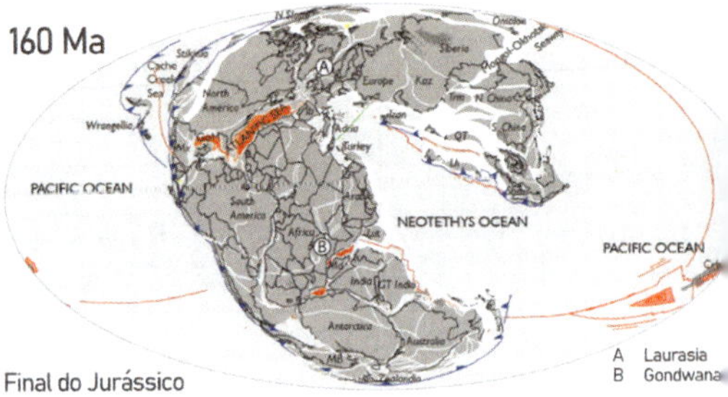

Figura 18 - Mapa paleogeográfico do Jurássico.
Tradução dos oceanos: Pacific Ocean - Oceano Pacífico; Mongol-Okhostsk Seaway- Mar Mongol-Ocótsqui; NeoTethys Ocean - Novo Oceano Tétis; Atlantic Sea - Mar Atlântico.
Fonte: modificado de Fundação Paleontológica Phoenix

Durante o Jurássico, o nível dos oceanos sobe, fazendo com que as águas invadam os continentes que estavam começando a se formar. Com isso, houve um aumento da umidade e os mega desertos que existiam começaram a se extinguir. Mas o clima continuava quente.

No Jurássico Médio houve a quebra definitiva do Pangea nos dois continentes que estavam se formando: Laurásia e Gondwana. E no Jurássico Superior começa a quebra do Gondwana, com o início da separação da América do Sul e da África.

Os répteis e os peixes dominavam a vida marinha e os dinossauros, principalmente, além dos pterossauros, tartarugas e mamíferos eram os principais animais terrestres. Em relação à flora, há o predomínio das gimnospermas.

Você Sabia...

que a formação das bacias sedimentares situadas no litoral do Brasil começou no Jurássico Superior?

Os tubarões se desenvolveram durante o Jurássico!

A maioria das ordens de moscas e formigas surgiram no Jurássico!

O Cretáceo (145 Ma - 66 Ma)

Durante o Cretáceo (Figura 19), a Laurásia e o Gondwana se fragmentaram na maioria dos continentes que conhecemos hoje. A maioria das rochas situadas no fundo dos oceanos são de idade cretácea por causa disso. Houve a abertura dos oceanos Atlântico Sul e Índico no Cretáceo

Superior, dividindo o Gondwana em quatro continentes. Além disso, foram formadas, pelo menos, cinco províncias ígneas que podem estar associadas com importantes elevações no volume global de carbono, que podem ter colaborado por manter o clima quente no período.

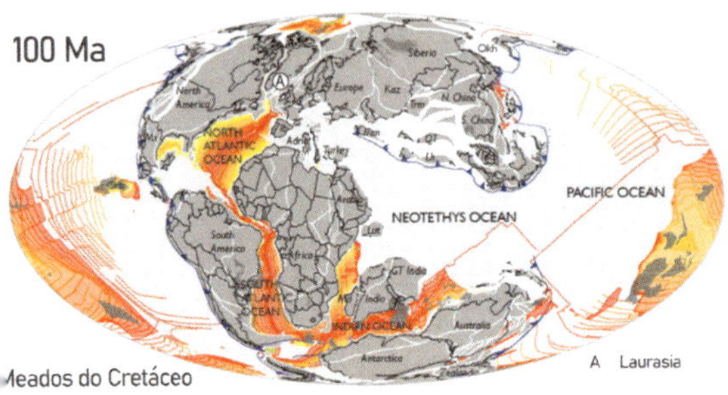

Figura 19 - Mapa paleogeográfico do Cretáceo. Tradução dos oceanos: Pacific Ocean - Oceano Pacífico; NeoTethys Ocean - Novo Oceano Tétis; North Atlantic Ocean - Oceano Atlântico Norte; South Atlantic Ocean - Oceano Atlântico Sul; Indian Ocean - Oceano Índico.
Fonte: modificado de Fundação Paleontológica Phoenix

As mesmas formas de vida do Jurássico prevalecem no Cretáceo e surgem as angiospermas, que passam a predominar no Cretáceo Superior.

O fim do Cretáceo, chamado de limite K-Pg, é marcado por uma grande extinção causada por um impacto de um grande asteroide, que dizimou cerca de 75% de todas as espécies vegetais e animais, como os dinossauros. Imensos incêndios florestais aconteceram por causa desse impacto, causando vários meses de escuridão por causa da poeira no ar, o que inibiu a fotossíntese na flora, além de anos de calor anormal pelo efeito estufa. Logo, tudo o que dependia da fotossíntese, direta ou indiretamente, começaram a ser extintas, enquanto que as espécies de água doce eram mais resistentes.

A teoria do impacto de asteróide é a mais aceita por causa das anomalias de irídio, elemento químico abundante em meteoritos, em camadas de argila que são datadas no fim do Cretáceo, além do quartzo shocked, uma forma de quartzo de alta pressão que é criada apenas por impacto de asteroides ou explosões nucleares, e dos diamantes de impacto, que também são encontrados nessas camadas de argila ricas em irídio.

Você Sabia...

que os famosos depósitos do Pré-Sal do Brasil foram formados durante o Cretáceo Inferior!?

Com a extinção dos dinossauros, termina o Mesozoico.

O Cenozoico (66 Ma – Recente)

A última era do Fanerozoico é chamada de "idade dos mamíferos" e é caracterizada pela movimentação dos continentes até as posições atuais, com o surgimento de montanhas como os Himalaias, os Andes, a erosão do Grand Canyon e da famosa falha de San Andreas. Mas, o que aconteceu em cada um dos períodos que compõem esta era?

O Paleogeno (66 Ma - 23 Ma)

O nome deste período (Figura 20) significa "nascimento antigo". As épocas que compõem este período, Paleoceno (66 Ma - 56 Ma), Eoceno (56 Ma - 33.9 Ma) e Oligoceno (33.9 Ma - 23 Ma), significam, respectivamente, "antigo recente", "amanhecer recente" e "pequeno ou pouco recente".

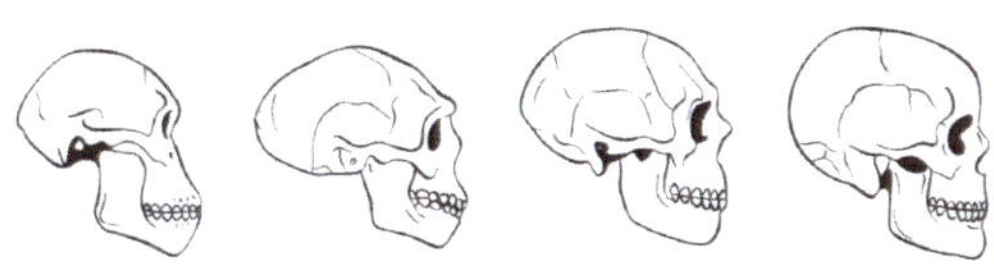

Você Sabia...

que o Monte Everest, a montanha mais alta da Terra, começou a ser formada no Cenozoico!?

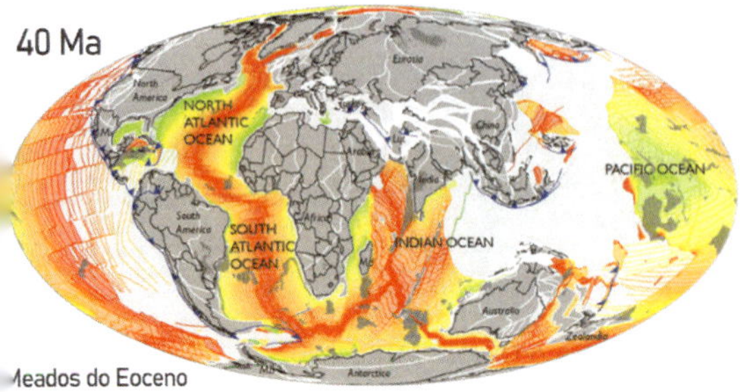

Figura 20 - Mapa paleogeográfico do Paleógeno.
Tradução dos oceanos: Pacific Ocean - Oceano Pacífico; North Atlantic Ocean - Oceano Atlântico Norte; South Atlantic Ocean - Oceano Atlântico Sul; Indian Ocean - Oceano Índico.
Fonte: modificado de Fundação Paleontológica Phoenix

Quando comparadas as extinções que marcam o limite entre as eras, a recuperação da vida após a extinção do Cretáceo foi mais lenta. Os mamíferos e as angiospermas dominam a vida terrestre, enquanto as baleias e os tubarões dominam a vida marinha. Cerca de 10 Ma após a extinção, os mamíferos e as aves se diversificaram e se tornaram maiores do que os animais do Cretáceo. Animais como roedores, coelhos, porcos, camelos, elefantes, cavalos, primatas, morcegos, rinocerontes, vacas e bois começam a aparecer na terra.

Os continentes que conhecemos hoje já existiam nessa época, mas estavam um pouco mais próximos. No Paleoceno, a América do Norte e a Ásia estavam unidas em terra, assim como a América do Sul e a Antártida, e a América do Norte e do Sul começaram a se aproximar.

O clima continuava quente durante o Paleoceno e o Eoceno, sendo o Eoceno Inferior o intervalo mais quente de toda a Era Cenozoica, devido a abertura do Oceano Atlântico Norte e do vulcanismo associado. Mas, no Eoceno Médio, começa a esfriar, e, no Oligoceno, há um importante resfriamento que causa o surgimento de gelo em grande parte da Antártida pela primeira vez.

Quando a Antártida se separou da Austrália e da América do Sul, no final do

Eoceno, formou-se a passagem de Drake e uma corrente circumpolar, já que o continente estava completamente cercado pelo oceano. Esta poderosa corrente, de direção oeste-leste, bloqueou a água e o ar quentes que se moviam para o sul. A água fria e densa, que estava presa na corrente, afundou, formando uma camada gelada profunda que esfriou a água da superfície. Com isso, o continente ficou isolado do calor dos oceanos globais e houve um resfriamento em grande escala.

Você Sabia...

que neste período, surgem os pinguins, focas e leões marinhos?

O Arquipélago de Abrolhos, no Espírito Santo, é formado durante o Eoceno!

A Cordilheiras dos Andes começa a ser formada.

Os grandes campos de petróleo e gás do "Pós-Sal" do Brasil são deste período!

O Neógeno (23 Ma - 2.6 Ma)

O nome deste período (Figura 21) significa "novo nascimento". A Terra chega praticamente na sua configuração atual de placas tectônicas e distribuição dos continentes. O Neógeno é composto pelo Mioceno (23 Ma - 5.3 Ma), que significa "menos recente", e Plioceno (5.3 Ma - 2.6 Ma).

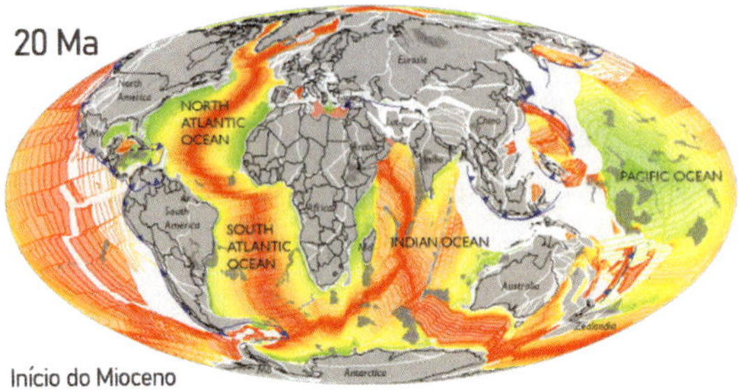

Figura 21 - Mapa paleogeográfico do Neógeno. Tradução dos oceanos: Pacific Ocean - Oceano Pacífico; North Atlantic Ocean - Oceano Atlântico Norte; South Atlantic Ocean - Oceano Atlântico Sul; Indian Ocean - Oceano Índico. Fonte: modificado de Fundação Paleontológica Phoenix

Durante o Mioceno, o clima era semelhante ao que temos hoje, mas, no início, era mais quente. Porém, como começou a esfriar no Oligoceno, esse processo continuou, ocasionando a última era glacial que começou no Plioceno. O clima mais frio e seco propiciou a acumulação de gelo nos polos.

A América do Norte continuava a se aproximar da América do Sul durante o Mioceno e, no Plioceno, se concluiu a ligação entre elas, o Istmo do Panamá, e a América Central. Com isso, não havia mais uma ligação direta entre os oceanos Pacífico e Atlântico, mudando as correntes marítimas e passou a promover uma migração faunística entre os dois continentes.

Em relação à vida terrestre, surgem os macacos e os primeiros hominídeos começam a se diversificar no leste africano. Com o aparecimento do primeiro hominídeo, com o primeiro fóssil que se enquadra nessa categoria localizado na África do Sul, começa-se um novo período...

CURIOSIDADE

Durante o Mioceno houve a formação do Arquipélago de Fernando de Noronha!

Os primeiros hominídeos, os ancestrais do ser humano, surgem no continente africano, na Etiópia, durante o Plioceno. Lucy, também conhecida como Dinknesh, (nome científico *Australopithecus afarensis*) é considerada o fóssil mais famoso do mundo. Ela era um jovem adulto que já conseguia andar de pé e seu fóssil tem cerca de 3.2 Ma. O nome Lucy foi dado pelos cientistas americanos que a descobriram em 1974, Donald Johanson e Tom Gray, que estavam comemorando a descoberta ouvindo a música dos Beatles "Lucy in the sky with diamonds", já o nome Dinknesh é oriundo da língua da Etiópia, o amárico, e significa "Tu és maravilhosa!".

A África começou a sofrer um novo processo de quebra, chamado de rifteamento, durante o Mioceno! É o chamado "Rifteamento do Leste Africano", e o seu estudo ajuda a entender como os continentes se "quebraram" no passado.

Nos Estados Unidos, há o desenvolvimento da Falha de San Andreas durante o Mioceno! Esta falha é muito estudada e visitada por turistas.

No Brasil, há o soerguimento da Serra do Mar e a formação das bacias sedimentares de Taubaté e de Itaboraí, sendo a última considerada o berço dos mamíferos da América do Sul.

O Rio Amazonas corria em direção do Peru, mas, com a elevação da Cordilheira dos Andes, houve a alteração do seu curso, fazendo com que a sua foz mudasse para a região do Pará, onde está até os dias de hoje! E, por causa disso, começou a se formar a maior floresta do mundo, a Floresta Amazônica.

O Quaternário (2.63 Ma - Recente)

O último período (Figura 22) da coluna do tempo geológico é composto pelo Pleistoceno (2.6 Ma - 12 000 anos), também chamado de "era do gelo", e pelo Holoceno (12 000 anos - Recente), época em que vivemos.

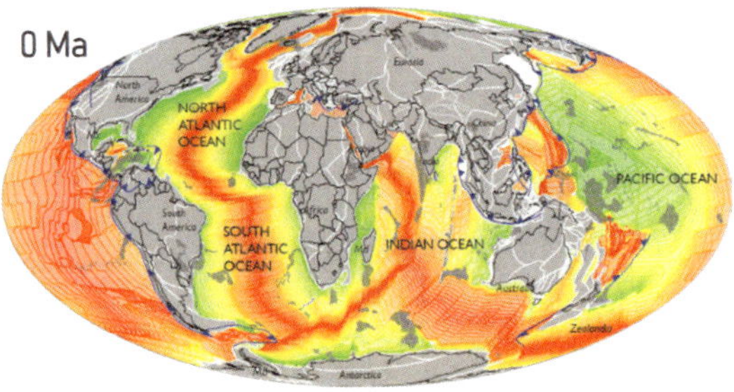

Figura 22 - Mapa do Quaternário. Tradução dos oceanos: Pacific Ocean - Oceano Pacífico; North Atlantic Ocean - Oceano Atlântico Norte; South Atlantic Ocean - Oceano Atlântico Sul; Indian Ocean - Oceano Índico. Fonte: modificado de Fundação Paleontológica Phoenix

No Pleistoceno, os continentes possuem a mesma configuração quando comparado com os dias de hoje, mas, em relação ao clima, houve uma grande glaciação que cobriu mais de 25% da superfície da Terra, principalmente em áreas da América do Norte, Europa e Ásia. Isto fez com que o nível do mar diminuísse e permitiu a migração dos animais, como pássaros e mamíferos gigantes (mamutes, preguiças e búfalos) entre os continentes, que buscavam áreas mais quentes. No final desta glaciação, a megafauna foi extinta.

O homem moderno (Homo sapiens sapiens) começa a migrar no final do Pleistoceno e, no Holoceno, "coloniza" todo o mundo. Com isso, surge a Arqueologia, que é responsável por estudar a humanidade desde a sua origem! Os geólogos também estudam o Holoceno, buscando compreender os fenômenos atuais, como mudanças climáticas, terremotos e vulcanismo, para entender como eles podem ter acontecido do Arqueano até o Pleistoceno!

CURIOSIDADE

A Floresta Amazônica ganha a atual dimensão apenas no Holoceno!

O filme "A era do gelo" se passa durante a glaciação do Pleistoceno.

No Holoceno viveu Luzia. O fóssil do *Homo sapiens* foi encontrado em 1974 pela arqueóloga francesa Annette Laming-Emperaire em uma gruta localizada em Lagoa Santa (MG), e, em 1995, foi recuperado pelo antropólogo brasileiro Walter Neves. Considerado o mais antigo fóssil humano encontrado no Brasil e na América do Sul, Luzia tinha cerca de 20 anos e 1,5m de altura quando morreu e seu nome é uma homenagem a Lucy, o fóssil que representa os primeiros hominídeos. Os estudos que foram feitos no crânio indicaram que Luzia possuía traços negroides, com nariz largo e olhos arredondados. A reconstituição de seu rosto foi feita em 1999, por pesquisadores da Universidade de Manchester, na Inglaterra.

Você se lembra do nosso relógio (Figura 02)? Agora que vimos quase tudo o que aconteceu na história do nosso planeta, que tal ver quando eles apareceriam se essa história durasse 24 horas (Figura 23)?

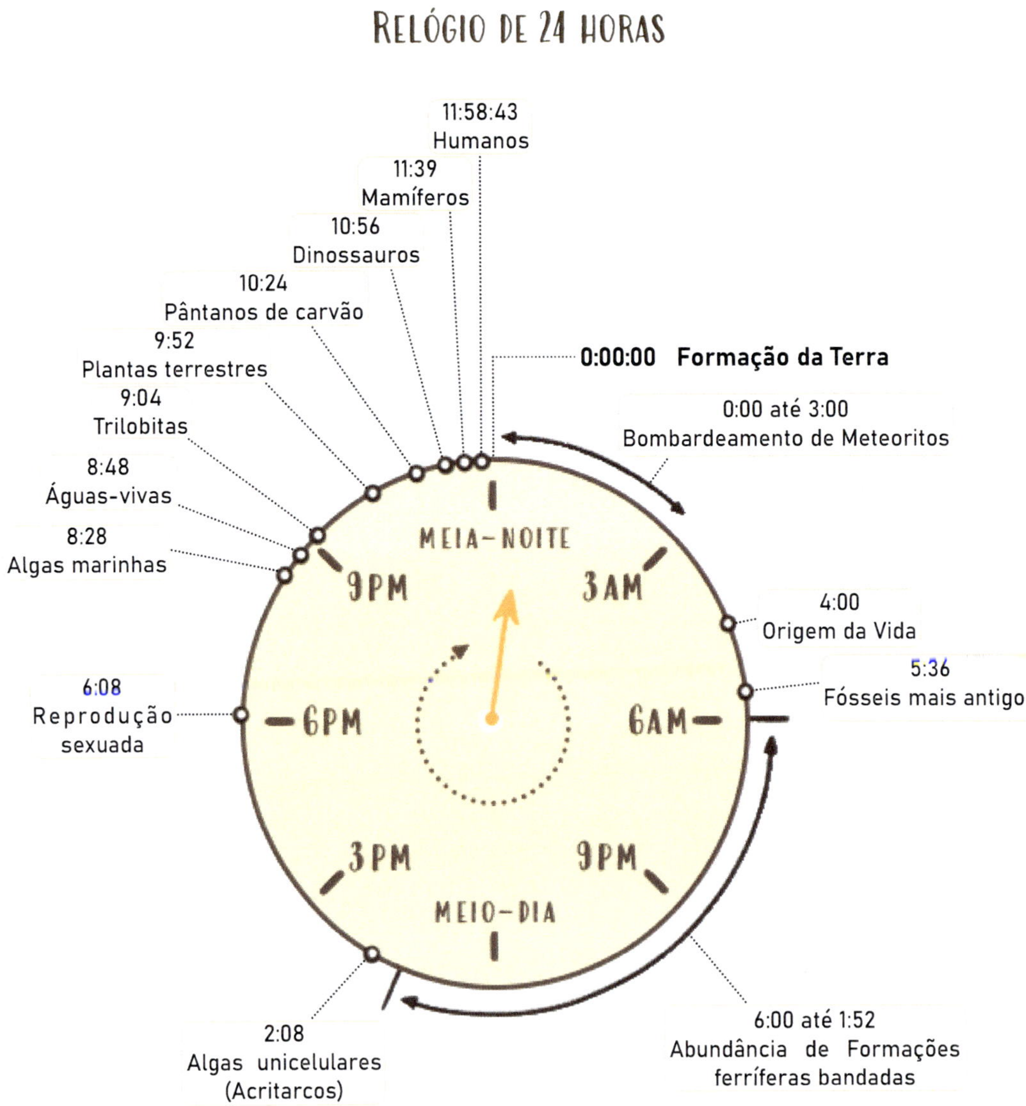

Figura 23 - A Evolução da Terra em 24 horas.
Fonte: modificado de TecMundo

E o Futuro?

Estamos vivendo uma nova fase de aproximação dos continentes, que, em algum momento do futuro, resultará num novo supercontinente similar ao Pangea, a "Amásia"! Mas não sabemos em quantos anos (ou milhares, ou milhões de anos) isso irá acontecer!

ATIVIDADE 1

CAÇA-PALAVRAS

Vamos relembrar os nomes dos éons, eras, períodos e épocas da escala do tempo geológico? Procure-os no caça-palavras! As palavras estão escondidas na horizontal, vertical e diagonal, com palavras ao contrário!

K	O	L	Q	D	I	N	E	V	H	L	O	N	E	C	O	G	I	L	O	S	S
T	C	C	S	U	I	S	S	V	O	L	R	E	V	N	E	O	O	R	I	O	W
S	C	T	I	I	A	H	I	S	L	O	O	O	E	O	C	R	R	U	N	A	E
I	E	I	B	O	H	T	A	A	O	H	O	G	E	L	Á	P	O	A	C	A	R
L	N	N	O	I	Z	S	E	C	C	L	Ó	O	A	L	T	H	I	E	H	W	S
U	O	O	N	H	O	O	I	R	E	E	G	E	N	R	E	M	H	Y	S	C	R
R	Z	N	A	O	O	S	R	A	N	I	F	A	N	E	R	O	Z	O	I	C	O
I	O	T	I	O	S	H	E	E	O	Á	O	O	E	E	C	O	T	Y	S	P	O
A	I	I	C	Á	H	A	L	R	T	D	R	N	P	S	N	O	O	S	W	A	C
N	C	M	I	H	A	D	E	A	N	O	D	I	A	E	A	M	I	R	R	L	I
O	O	R	C	A	T	R	E	T	S	C	R	R	O	I	L	O	D	L	I	E	O
E	T	M	O	N	E	C	O	I	M	J	T	P	R	L	N	W	S	N	P	O	Z
R	P	V	D	A	R	Q	U	E	A	N	O	P	A	L	E	O	Z	O	I	C	O
R	T	E	R	A	C	A	R	B	O	N	Í	F	E	R	O	O	V	E	D	E	S
I	E	H	O	P	A	L	E	Ó	G	E	N	O	S	L	R	O	O	E	T	N	E
E	E	J	U	R	Á	S	S	I	C	O	N	A	I	R	B	M	A	C	D	O	M

- Arqueano
- Cambriano
- Carbonífero
- Cenozoico
- Cretáceo
- Devoniano
- Fanerozoico
- Hadeano
- Holoceno
- Jurássico
- Mesozoico
- Mioceno
- Neógeno
- Oligoceno
- Ordoviciano
- Paleoceno
- Paleozoico
- Paleógeno
- Permiano
- Plioceno
- Proterozoico
- Quaternário
- Siluriano
- Triássico

ATIVIDADE 2

LABIRINTO

O trilobita está perdido! Que tal ajudá-lo? Localize o caminho que o leve para o mapa do período em que ele viveu!

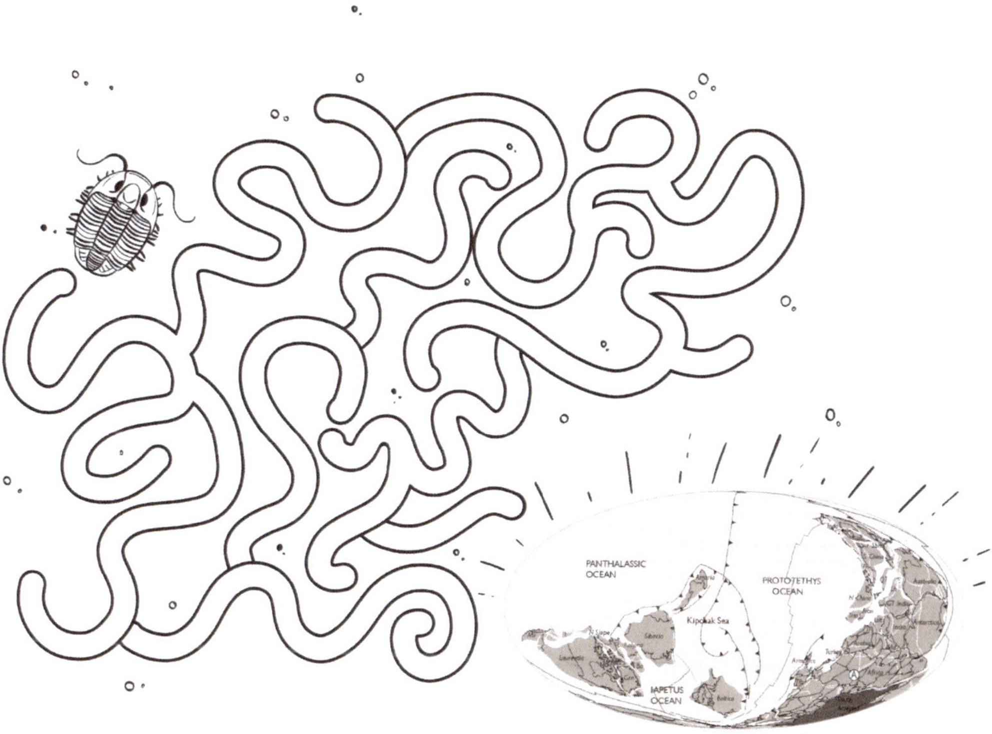

Atividade 3

PALAVRAS CRUZADAS

Vamos relembrar alguns nomes importantes do Pré-Cambriano? É só completar as palavras cruzadas!

Horizontais

2. Mineral encontrado na Austrália que ajudou a identificar o Hadeano
4. Fauna com o primeiro registro de vida animal no Proterozoico
7. Gás que caracteriza a atmosfera do Arqueano

Verticais

1. Primeira glaciação do Proterozoico
3. Primeira forma de vida macroscópica
5. O primeiro éon da Terra
6. Gnaisse que caracteriza o Arqueano

Atividade 4

JOGO DOS 7 ERROS

Quando os dinossauros viram o asteroide cair, pensaram que era o seu fim! Mas tem alguns detalhes errados na imagem abaixo... Que tal localizar os 7 erros?

Gabarito

A SEGUIR VEM O NOSSO GABARITO!

ENTÃO NÃO ESPIE SE NÃO TIVER TERMINADO AS ATIVIDADES.

GABARITO

Agora vamos ver os gabaritos das atividades anteriores.

ATIVIDADE 1

ATIVIDADE 2

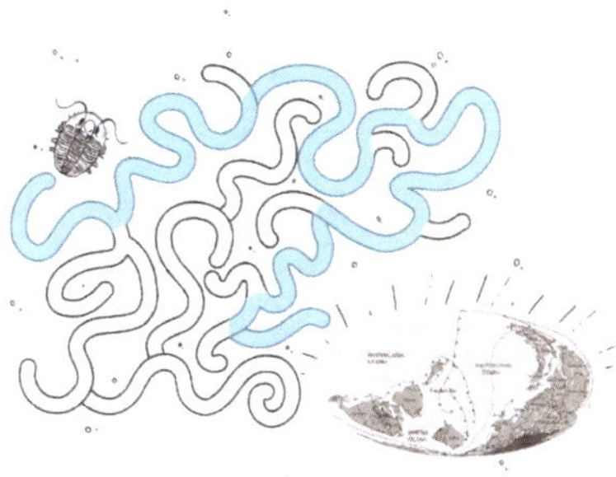

ATIVIDADE 3

ATIVIDADE 4

REFERÊNCIAS

GROTZINGER, J. & JORDAN, T.H. Para Entender a Terra 6a edição. Tradução: ABREU, I.D. Porto Alegre, Bookman. 2013. 738p.

https://www.google.com/search?q=agrimensor+-
defini%C3%A7%C3%A3o&sxsrf=ALiCzsYKKzCW-
Deo5UjTh_FrZ90sQuHmKKQ%3A1667240548829&ei=ZBJ-
gY-SdMsbL1sQPguSGoAU&oq=agrimensor+def&gs_lcp=Cgxnd-
3Mtd2l6LXNlcnAQARgBMgcIABCABBATMgoIABAWEB4QDxAT-
MgoIABAWEB4QDxATMgoIABAWEB4QDxATMgoIABAWEB4Q-
DxATMgoIABAWEB4QDxATMgoIABAWEB4QDxATMgoIABAWE-
B4QDxATMggIABAWEB4QEzIICAAQFhAeEBM6CggAEEcQ1gQQ-
sAM6BwgAELADEEM6BQgAEIAEOgcIABCABBAKOgYIABAWE-
B46CggAEBYQHhAPEApKBAhNGAFKBAhBGABKBAhGGABQel-
jOD2DmGWgBcAF4AIABeYgBtwOSAQMwLjSYAQCgAQHIAQrAA-
QE&sclient=gws-wiz-serp. Acessado em Outubro de 2022

https://www.patrimoniocultural.pr.gov.br/Bem-Tombado/Sitio-
-Geologico-Estrias-Glaciais-de-Witmarsum-Palmeira. Acessado em Dezembro de 2022

http://sigep.cprm.gov.br/glossario/verbete/evaporito.htm. Acessado em Dezembro de 2022

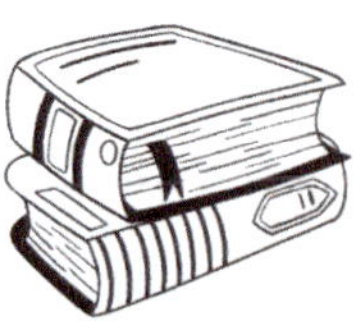

https://www.google.com/search?q=meteorito+defi-
ni%C3%A7%C3%A3o&oq=meteorito+defini%C3%A7%-

C3%A3o&aqs=chrome..69i57j0i22i30.3408j1j4&sourceid=-chrome&ie=UTF-8. Acessado em Outubro de 2022

https://www.dicio.com.br/radioatividade/. Acessado em Outubro de 2022

https://www.google.com/search?q=rocha+defini%C3%A7%-C3%A3o&sxsrf=ALiCzsZ6msApYjJz34-JgFQ4SC6_pExCM-w%3A1667251962915&ei=-j5gY-q5N5rz1sQPt9yX-AE&ved=0ah-UKEwjqnoDItYv7AhWauZUCHTfuBR8Q4dUDCA8&uact=5&o-q=rocha+defini%C3%A7%C3%A3o&gs_lp=Egxnd3Mtd2l6LXNlcn-C4AQP4AQEyChAAGIAEGEYY-QEyBhAAGAcYHjIGEAAYBxgeM-gYQABgHGB4yBhAAGAcYHjIGEAAYBxgeMggQABgHGB4YDzI-GEAAYBxgeMgYQABgHGB4yCBAAGAcYHhgPwgIKEAAYRxjWB-BiwA5AGCEinBVCbAlibAnABeAHIAQCQAQCYAWegAWeqAQM-wLjHiAwQgQRgA4gMEIEYYAIgGAQ&sclient=gws-wiz-serp. Acessado em Outubro de 2022

https://www.google.com/search?q=tempo+significado+-dicion%C3%A1rio&sxsrf=ALiCzsYV6fRvst9Alv_V6CO4Qj-77mOM1Hg%3A1666814425192&ei=2ZFZY7OuC7WA5OUPqae-goAI&oq=tempo+defini%C3%A7%C3%A3o+dicio&gs_lcp=Cgd-nd3Mtd2l6EAEYADIGCAAQFhAeOgoIABBHENYEELADOgcIAB-CwAxBDOgkIIxAnEEYQ-QE6BQgAEIAEOgsIABCABBCxAxDJA-zoICAAQgAQQsQM6CAguEIAEELEDOgsIABCABBCxAxCDAToLC-C4QgAQQsQMQ1AI6DgguEIAEELEDEIMBENQCOgwIIxCwAhA-nEEYQ-QE6BwgAEIAEEA06BggAEB4QDToICAAQHhAPEA06CA-

gAEAUQHhANOggIABAWEB4QDzoICAAQFhAeEApKBAhBGA-BKBAhGGABQvApYgSxgjjdoB3ABeAGAAZwBiAH3E5IBBDEuMj-GYAQCgAQHIAQrAAQE&sclient=gws-wiz. Acessado em Outubro de 2022

https://www.google.com/search?q=geologia+dicionario&oq=-geologia+dicionario&aqs=chrome..69i57.5011j0j7&sourceid=-chrome&ie=UTF-8. Acessado em Março de 2023

https://dicionariopetroleoegas.com.br/dictionary/rocha-sedimentar/. Acessado em Março de 2023

https://dicionariopetroleoegas.com.br/dictionary/zircao/. Acessado em Março de 2023

https://www.meudicionario.org/gnaisse. Acessado em Março de 2023

https://www.meudicionario.org/gnaisse. Acessado em Março de 2023

https://www.dicionarioinformal.com.br/glacia%C3%A7%-C3%A3o/. Acessado em Março de 2023

https://www.meudicionario.org/glacia%C3%A7%C3%A3o. Acessado em Março de 2023

https://www.dicionarioinformal.com.br/gimnosperma/. Acessado em Março de 2023

https://www.ufrgs.br/tesauros/index.php/thesa/c/17905#:~:text=A%20palavra%20angiosperma%20vem%20do,frutos%20e%20 tamb%C3%A9m%20apresentam%20flores. Acessado em Março de 2023

https://www.dw.com/pt-002/lucy-o-f%C3%B3ssil-que-reescreveu-a-hist%C3%B3ria-da-humanidade/a-42478592. Acessado em Março de 2023

https://aventurasnahistoria.uol.com.br/noticias/reportagem/luzia-o-mais-antigo-fossil-humano-ja-encontrado-no-brasil.phtml#:~:text=O%20f%C3%B3ssil%20de%20Luzia%20foi,3%2C2%20milh%C3%B5es%20de%20anos. Acessado em Março de 2023

https://www.correiobraziliense.com.br/app/noticia/ciencia-e-saude/2018/09/03/interna_ciencia_saude,703637/por-que-o-fossil-de-luzia-e-importante-para-a-ciencia.shtml. Acessado em Março de 2023